ブルーノ・タウトの緑の椅子

１脚の椅子の復刻、量産化のプロセス

緑の椅子リプロダクト研究会編

巻頭言

　日本の近代デザインの歴史の中で、ブルーノ・タウトとシャルロット・ペリアンが来日し、滞在し、日本の各地の素材を元に、デザイン開発を行い指導したことは、画期的なことであった。とりわけ 1933 年から 3 年有余日本に滞在し、ある種のデザイン活動と指導を行った、ブルーノ・タウトの存在は、後世の日本のデザインにさまざまな形で影響を与え、痕跡を残している。

　1928 年、日本各地の物産を、輸出雑貨として世界に通用する水準に高めることも、その目的の一つとして設立された、国立の仙台（商工省）工芸指導所には、後の日本のデザイン界をリードする豊口克平や剣持勇等が在籍していた。

　外国事情を知る手掛りの少ない当時では、外国雑誌による写真と情報が唯一といっても良い状態であった。とりわけドイツとの関係強化に傾斜していた当時の日本にとって、ドイツの建築・デザイン界の活動に深い関心を抱いていた。

　後年、武蔵野美術大学のインテリア研究室を主導した豊口克平教授の下で研究・教育に参画した私に、タウトを迎えた当時の工芸指導所の空気を豊口教授が話されたことがあった。書籍でしか伝えられないヨーロッパのデザインが、ドイツの有名建築家・デザイナー本人が嘱託として、直接指導しデザインをさ

れるというのは所内で大事件であった。畏敬と興味と困惑の混乱した指導所内の日本人スタッフの動きに、異文化の日本に一人で活動するタウト。その意思といくつかの提案には、どれだけ啓発されたかわからないと感慨深げに語って居られた。タウトがくり返し語り示したデザインの基本的なルールと発想の基盤となる「規範原型」は後の指導所の方向付けに大きく影響を与えた。

　少林山達磨寺のタウト記念室には、洗心亭に居をかまえながら高崎の素材、技術を使ってデザインをした家具、照明器具、木・竹製の生活用具 20 数点が残されている。その中に、緑色に塗られ背板を支える後脚が破損した小椅子「緑の椅子」がある。仙台の工芸指導所時代に、豊口等日本人所員のデザイン・試作した椅子に、大柄なタウトは、勢いをつけて荒っぽく「ドシン」と座り、からだを左右に揺すって座りごこちと強度をチェックして見せていたという。ダウト・デザインで試作品の「緑の椅子」に、タウト自身が常のごとく荒っぽく座って、破損した痕跡そのものではないのだろうか。

　復刻をするという作業は 2 つの行為に分けられる。その 1 は、絵画、彫刻、故文書などの芸術作品そのものの復刻で、それは原本そのままに再製することで、その多くは、そのもの 1 点を

再製することを指している。その2は、プロダクト製品の復刻、即ち、原本自身か複数の生産を目的として作られ、複数の実用性を持つものとして復刻される場合である。

　今回の「緑の椅子」のように、原本は約80年前に作られ、しかも実用性から強度的に若干の問題を含んでいるものの復刻に対しての処理の方法として以下の3点を考えたい。

1．原本の造形性（形状）及び色彩等はできるだけ再製する。
2．使用上の強度、耐久性に配慮して、今日の技術、素材を導入することを考慮する。
3．原本の素材構造その他を明記すると同時に、復刻に際してのプロセスと2についての詳細な資料をアーカイブとして保存、公開する。

　「緑の椅子」が約80年前に試作されたことから考えると、今日迄の椅子製造の技術、素材の発達は大きく、もしそれらが80年前に実用化していれば、疑いもなくタウトも使用していたことと考えられる。

　数々の名作椅子をデザインした、デンマークのデザイナー、ハンス・ウェグナーは椅子製作の時代的変化について前述の2つに関係することを行っている。ウェグナーは1940年代後半から1970年代の、第2次大戦をはさんでの、世の中の生活の

変化と、技術革新の時代の真っ只中に、数々のロングセラーの名作椅子をデザインしていた。優れたハンディ・クラフトの技術を持つヨハネス・ハンセン工房、P.P. モブラー工房で製造されていた椅子デザインの工程の中に、新技術の機械を出来るだけ導入しようと努力していた。但し機械を導入しても品質が下がらないのなら……と手加工だけに固執することをいましめていた。接着剤や塗装など、時代の変化にそって有害物質などに替る方法を導入することもためらわなかった。

　80 年前にダウトがデザインした「緑の椅子」が工学院大学の鈴木敏彦教授の下で、今日の日本の各機関の優れたデジタル技術や、天童木工の不等厚成形技術等の結実として、新たな生命を吹き込むことが出来たことは、少林山達磨寺の宝である。研究者の一員として喜びを多くの方々と分かち合いたい。

島崎信

東京藝術大学卒。デンマーク王立芸術アカデミー建築科修了。武蔵野美術大学工芸工業デザイン科名誉教授。
日本フィンランドデザイン協会理事長、北欧建築デザイン協会理事、（公財）鼓童文化財団理事長、NPO 法人東京・生活デザインミュージアム理事長、有限会社島崎信事務所代表

CONTENTS

巻頭言 2

はじめに 8

1 ブルーノ・タウトと緑の椅子 10

木製仕事椅子タイプBをめぐって 12

1-1 ブルーノ・タウトと緑の椅子 14

Column 1 ヴェルクブント 18

1-2 タウトと工芸指導所 20

Column 2 商工省工芸指導所 24

1-3 タウトと少林山達磨寺 26

Column 3 井上房一郎とミラテス 36

2 緑の椅子の復刻プロジェクト 38

緑の椅子の復刻を可能にした東北のものづくり 40

2-1 3次元スキャン 42

Column 4 3次元計測 46

2-2 3次元 CG モデル化 48

Column 5 モデリング 54

2-3 NC 部材加工及び組み立て 56

Column 6 天童木工と成形合板 68

3 タウトをめぐる思い出 94

謝辞 113

緑の椅子リプロダクト研究会

総括
島崎信　武蔵野美術大学名誉教授
代表研究者
鈴木敏彦　工学院大学建築学部教授
共同研究者
浅水雄紀　工学院大学工学研究科建築学修士
西澤高男　東北芸術工科大学准教授、ビルディングランドスケープ共同主宰
3 次元スキャン
宮城県産業技術総合センター
3 次元モデル化
株式会社デザインココ
NC 加工、組み立て
株式会社天童木工
協力
廣瀬正史　黄檗宗少林山達磨寺住職
広瀬みち　黄檗宗少林山達磨寺責任役員
Manfred Speidel　アーヘン工科大学教授
田中辰明　お茶の水女子大学名誉教授
庄子晃子　東北工業大学名誉教授
堤洋樹　前橋工科大学工学部建築学科准教授
杉原有紀　株式会社 ATELIER OPA
アドバイザー
谷進一郎　木工家

はじめに

　本書は、1脚の椅子の復刻と量産化の手法の研究をまとめたものである。はじまりは、2016 年に黄檗宗少林山達磨寺の広瀬みち氏より、同寺にタウトが残していった椅子の試作品、通称「緑の椅子」のリプロダクトの実現可能性を問われたことであった。

　20 世紀初頭の名作家具は人々の暮らしの質の向上に貢献してきた。しかし、職人が専用のカンナやノミを用いて制作した椅子を、現代の家具工場の機械のラインで再製作することは極めて難しい。よって名作家具の復刻は木工作家に頼るしかなかった。その場合、一つの椅子を製作するには多くの手間と時間がかかるので、ローコストで量産することはできなかった。

　本研究は、「ブルーノ・タウトの緑の椅子」を題材に、デジタルプロセスを利用して復刻、量産化の手法を確立し、名作椅子の恩恵を多くの人に還元することを目的とした。試みた手順は以下のとおりである。

1　非接触画像光学式3次元デジタイザで椅子を3次元スキャンする

2　スキャンデータを CG を用いて3次元モデル化する

3　椅子を構成する部品を NC 加工にて制作し、職人が組み立てる。

　3次元スキャンの工程は、タウトが招聘された仙台の商工省工芸指導所と現在も同じ役割を担う宮城県産業技術総合センターに、

3次元モデル化についてはモデリング技術で定評のある株式会社デザインココに、そして最終工程は仙台の工芸指導所と設立時から関係の深い株式会社天童木工に依頼した。

しかし復刻は簡単には進まなかった。デジタルプロセスで図面化が完成しても、実際の使用に耐える椅子の製作図としてはさらなる修正が必要だった。タウトが試作した「緑の椅子」は元々構造上の問題を抱えており、後脚に破損の跡があった。タウトが求めた極限までスレンダーなイメージを残しながら、構造的に必要十分な部材寸法が求められた。試行錯誤の中で、天童木工の持つ「不等厚成形」という技術によって実現できることがわかった。最終的にタウトが設計した寸法から断面形状を数ミリ大きくすることで、端部が細くなる独特の形状を保持することができた。

結果、木工作家に1脚の復刻を依頼した場合の10分の1のコストで、100脚の「緑の椅子」の生産に至った。名作椅子を復刻し量産するひとつの道筋をつけられたのではないか。

鈴木敏彦
工学院大学建築学部教授
緑の椅子リプロダクト研究会代表研究者

photo: Saitô Sadamu

1
ブルーノ・タウト
と緑の椅子

木製仕事椅子タイプ B
をめぐって

　1928 年に仙台に設立された商工省工芸指導所は、ドイツ工作連盟の理念と手法を学ぶべく、1933 年 11 月にブルーノ・タウトを招聘した。タウトは日本の伝統と西洋近代の合一が大切と説き、タウトの指導の下、若手所員剣持勇らにより、木製仕事椅子の規範原型（量産のための優良定型）の研究として、タイプ A（座面が四角）とタイプ B（弧を持つ座面）を研究し試作することになった。

　その工程は、国内外の椅子の現状調査（トーネット社など）、日本人男女の人体寸法の確認、座面や背もたれや肘を検討するテストチェアの製作、設計、モデル製作と進み、それぞれの段階での検討の積み重ねと最終段階の外部評価という手順を踏む厳格なものであった。

　タウトは設計が完成しモデル製作への方向付けをした段階で 1934 年 3 月に工芸指導所を辞しているが、京都で開催された国立工芸指導所と国立陶磁器試験所の共同展覧会場を 3 ヵ月後の 6 月 28 日に訪れ、見事に完成した木製仕事椅子を見ている。

剣持らは、タイプＡと同Ｂ及びそれらの肘付の椅子の研究成果を『国際建築』11巻1号2号（1935年）に報告している。

　仙台のタウト指導の木製仕事椅子は安くて良い大量生産のために計画されたのに対し、少林山達磨寺の「緑の椅子」はタウトのデザインで一品製作であり、恐らく高崎木工製作配分組合の専属職人と群馬県工業試験場の提携の中で製作されたものであろう。デザイナーと職人の連携を説くタウトは「緑の椅子」の強度を確かめる過程で脚を折ってしまったが、達磨寺では修復したこの椅子を大事に保存して来られた。実はタウトは仙台でも強さに厳格でハラハラさせたとか、機能や寸法の問題に厳格だった一方、美しさにも厳しかったという話が伝わっている。この度、「緑の椅子」が復元されて量産のレベルに引き上げられたのは誠に喜ばしく、関係各位に御礼を申し上げたい。

庄子晃子

東北工業大学名誉教授

博士（学術）

1-1
ブルーノ・タウトと
緑の椅子

Bruno Taut
1880-1938

ブルーノ・タウトはドイツ・ヴェルクブントの建築家である。ヒトラー政権から逃れるため日本に亡命のような形で訪れ、1933 年から 3 年半日本に滞在した。1933 年 11 月から 1934 年 3 月まで仙台の商工省工芸指導所の嘱託となり、ヴェルクブントの理念を伝えた。同年 8 月から群馬県高崎市にある少林山達磨寺境内にある洗心亭と呼ばれる山荘に住み、1936 年 10 月に日本を去るまで群馬県工業試験場高崎分場で工芸製作の指導にあたった。

＊ドイツ・ヴェルクブント（Deutscher Werkbund）：1907 年に設立された大量生産を前提とした工業デザインの振興のための団体。日本では、ドイツ工作連盟と訳されている。

緑の椅子

1935

「緑の椅子」は群馬県高崎市にある少林山達磨寺のタウト記念室に所蔵されている椅子である。

　ブルーノ・タウトはドイツ・ヴェルクブントの理念に従い、良質なデザインの振興を目的として、仙台の工芸指導所において「規範原型」を提示した。また、その研究成果を群馬県工業試験場高崎分場に引き継ぎ「規範原型」の大切さを伝えた。「緑の椅子」はその過程でタウトがデザインした試作品である。タウトは椅子が出来上がると斜めに押したり、四方から腰かけたりして強度を試した。この実験で折れた跡が「緑の椅子」の背もたれに残っている。本研究では、試作段階に留まり製品としては世に出なかったタウトの椅子を、現代の技術で完成させることを目指した。

　なお、この椅子の緑色は1906年にフィッシャーの事務所に務めていたタウトが、改修設計を担当したウンターリーキシンゲンの教会の内部でベンチの塗料に用いたシュヴァインフルター・グリーンに近い。タウトの好んだ色だったのだろう。

緑の椅子 (1935)
幅　　　　423mm
奥行　　　430mm
高さ　　　808mm
座面高さ　407mm
重さ　　　2.23kg
所蔵　　　少林山達磨寺

column1

ヴェルクブント

ベルリンのクロイツベルク地区のオラーニエン通りにはカフェや書店と並んでモノ博物館（Museum der Dinge）の建物がある。階段を上り、中に足を踏み入れると、数多くの日用品が陳列棚に並ぶ様子に驚くだろう。これこそ20世紀のデザインの良し悪しを見極めたドイツ・ヴェルクブント（ドイツ工作連盟）の活動の記録なのだ。

1907年創立のヴェルクブントはアーツアンドクラフト運動やバウハウスとの比較または関連で紹介されることが多い。しかしここでは、ドイツの工芸品や工業製品の良し悪しを徹底的に分類し議論した団体として定義したい。モノ博物館を訪ねると、ブルーノ・タウトの発想の元がわかる。ブルーノ・タウトは来日すると桂離宮の美しさを称賛する一方で、日光東照宮や奈良の土産物を批判しては「いかもの、キッチュ」と言い放った。良し悪しを一刀両断するタウトの審美眼は、実は個人のものでなく、アドルフ・ロースやピーター・ベーレンス、ヘルマン・ムテジウスらヴェルクブントのメンバーに共有した考えた方だった。

やがてナチの勢力が増すと、タウトは日本に来日したが、ヴェルクブントの建築家の多くはアメリカに移った。ドイツ発の良質のデザインを提唱したヴェルクブントの精神の普及活動は現在も続いている。

1-2
タウトと工芸指導所

　1933 年 5 月、工芸指導所は『工芸パンフレット』第 4 号において『獨逸ヴェルクブントの成立とその精神』を発行した。折しも同月 3 日、ブルーノ・タウトが敦賀に上陸した。ドイツ工作連盟に強い関心を抱いていた工芸指導所はタウトを嘱託として迎えたいと考えた。9 月 5 日、タウトは工芸指導所の課題と方策を忌憚なく説いた「工芸指導所のための諸提案」を提出する。所長の国井喜太郎はこれをもって商工省および外務省を説得し、外国人の招聘を実現した。タウトは 11 月から翌年 3 月まで熱心に指導し、工芸指導所にヴェルクブントの「良質量産」の考え方と製作方法を定着させた。

　「緑の椅子」は、タウトが木工部で剣持勇ら若手所員と取り組んだ木製仕事椅子の規範原型の延長にある。

木製仕事椅子タイプ B　1934-1935

木製仕事椅子タイプ B
と緑の椅子の比較

緑の椅子 1935

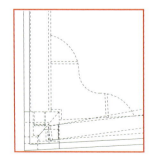

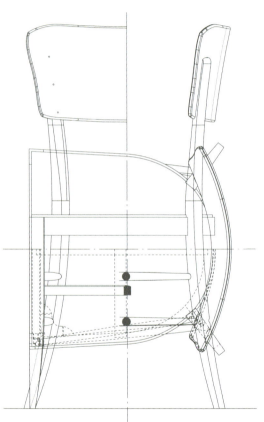

木製仕事椅子タイプ B　1934-1935

column 2

商工省工芸指導所

　1928年11月、商工省（現経済産業省）は仙台市に日本で初めて国立の工芸指導所を設立した。タウトは日本的な材料・技術・形の優れた質を国際的習慣・生活形式により発展させ、輸出により販路を獲得するというドイツ工作連盟と同じ目標を掲げていた。研究と試作と批評を繰り返す仕事の行い方や、優良工芸品の収集方法をタウトは所員に伝え、ドアハンドル、電気スタンド、灰皿や傘立てなどをデザインした。タウトと仕事を共にした剣持勇は1955年に、豊口克平は1960年に独立し、日本のデザイン界を牽引していった。

工芸指導所庁舎前でタウトを囲んで記念撮影（東北歴史博物館所蔵）

1-3
タウトと少林山達磨寺

　　ブルーノ・タウトは高崎の事業家の井上房一郎 (1898-1993)
から支援を得て 1934 年 8 月から少林山達磨寺に住み始めた。
井上は前年に井上工芸研究所を設立し、軽井沢の「ミラテス」
という店で外国人を相手に工芸品の販売を始めたところだっ
た。井上は群馬県工業試験場の漆部で働いていた水原徳言や、
技官だった儘田郁彦など数名の若者をタウトの元に送り込み、
椅子の設計や工芸品の制作を手伝わせた。タウトは自らを「少
林山設計事務所の所長」と位置付け、寺の大講堂をアトリエと
して仕事をした。高崎市にある小田川富夫氏の木工所には、儘
田や水原がタウトと描いた図面や、天皇献上品と思われる家具
のスケッチが遺されている。小田川氏の先代は群馬県工業試験
場高崎分場の工場長としてタウトがミラテスに納める家具等を
製作していた。レストラン用のスケッチに見られる椅子の形は、
「緑の椅子」と同様に「木製仕事椅子タイプ B」と基本的形状
が同じである。タウトは日記に、内親王と皇太子に献上するぬ
いぐるみ人形や工芸品を設計し、高松宮殿下に拝謁して作品を
買い上げてもらったことを記している。

1　石段　本堂に続く表参道の大石段。タウトはこの石段を往復し、群馬県工業試験場高崎分場や川向うまで散歩に出かけた。

2　鐘楼　タウトは鐘楼から聞こえる梵鐘の音を「少林山の聲」と表現し、画帳に描いた。

3　放生池　タウトはこの池の鯉を良く眺めていた。

4　講堂　1934年9月9日当時の住職・大蟲和尚の発案で、タウトとエリカを慰めようと、八幡小学校高学年の女生徒による歓迎会が行われた。

5　洗心亭　タウトは若い頃から日本に憧れ、鴨長明の『方丈記』を読み、芭蕉の草案をしのび、狭いながらも自然に恵まれたこの洗心亭の生活を楽しんだ。

6　百庚申　タウトは庚申塔を懺悔の記念碑と理解していた。

7　観音堂　タウトは少林山で一番古いこの観音堂が好きだった。

8　霊符堂　タウトは敬愛するカントを通じて東西文化の同一性を少林山に見出した。

9　浅間山遠望　タウトはここに立って、西の方角に見える浅間山の噴火を見ながら、遥か西方の故郷ドイツや日本の軍国化を嘆いていた。

１０　瑞雲閣　1936年10月8日、タウトが少林山を去る時、八幡村の皆から「タウトさん萬歳！エリカさん萬歳！」と萬歳で送られて、タウトは「八幡村萬歳！少林山萬歳！」と返した。

27

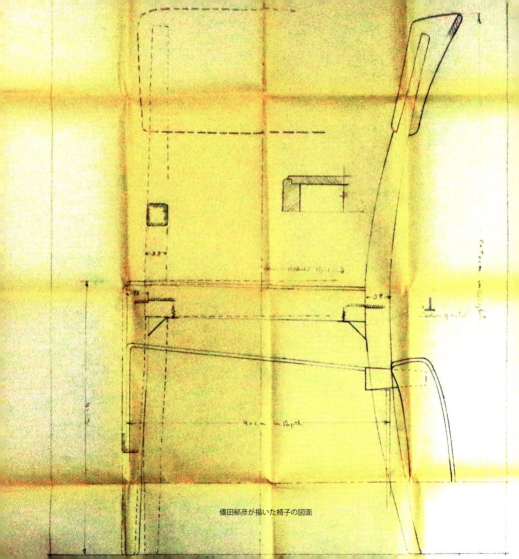

儘田郁彦が描いた椅子の図面

FOR RESTAURANT

レストラン用のテーブルと椅子のスケッチ

少林山達磨寺
洗心亭

photo: Saitô Sadamu

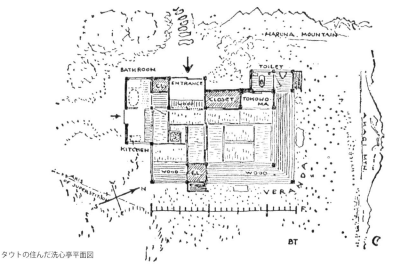

タウトの住んだ洗心亭平面図

　ブルーノ・タウトは高崎市内の実業家、井上房一郎氏の紹介で少林山達磨寺境内にある洗心亭に居を構えることになった。1934年8月1日（水）の日記に初めて訪れたことを記し、8月3日（金）の日記に洗心亭の印象を記した。
「洗心亭は木立に蔽われた丘腹に位置して、村落と川（碓氷川）とを臨み、廣濶な平野を俯瞰する景勝の地を占めている、平野には桑畑と稲田と散在する村落、——えもいわれず心を楽しませる風景だ。洗心亭はささやかな小屋であるが、部屋からの眺めは実に素晴らしい。洗心亭に着いた当日は、途端にこの美しい風光にすっかり心を奪われて、慣れぬ田舎住いをこれからどう暮したらよいものかなどという思案をまるきり忘れてしまう位であった」

　以降、タウトは度々日記の中で洗心亭を讃えている。タウトにとって洗心亭は、必ずしも満足のいくものではなかった日本滞在の日々の中で、最も心休まる居場所だったといえるだろう。

少林山達磨寺
大講堂

大講堂は先々代にあたる少林山達磨寺の第16代大蟲弘呑大和尚によって1927年に建立された。1934年、タウトは大講堂の改造設計図を書き残し、本堂はこの改造計画に沿って1960年に改修された。しかし構造上の問題が発生し、1995年に元の形にもどされた。1934年12月には少林山建築工芸学校の構想案「タウト学校案」がまとまるが残念ながら実現することができなかった。（少林山寺報『福』第31号より）

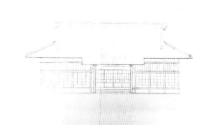

正面図

　堂内透視図の製図は河裾逸美によるが、照明器具はタウト自身のデザインであり1934年10月23日の日付と署名、そして「廣瀬氏に感謝の意をもって」と添え書きがある。（少林山寺報『福』第31号より）

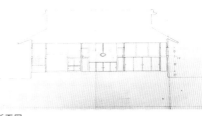

断面図

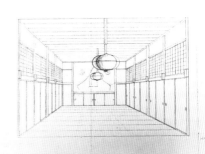

堂内透視図

少林山達磨寺
ブルーノ・タウト
コレクション

緑の椅子
W/D/H：423/430/808　重さ：2.23kg

レストランチェア
W/D/H：430/560/827　重さ：6.09kg

石膏のデスマスク

アームチェア
W/D/H：519/647/705　重さ：7.75kg

スタンプ

竹製ハンガーラック
W/H：535/1090　重さ：3.21kg

漆塗フルーツ皿
重さ：0.19kg

カッティングボード
W/H：265/131　重さ：0.15kg

ペーパーナイフ (4本)
W/D：193-226/7-18　再製作

ペーパーナイフ
W/D：270/250　オリジナル

木製可変本立て
W/D/H：50-768/215/170　重さ：0.89kg

ぬいぐるみ
再製作途中

ペン皿（インク皿）
W/D/H：210/134/57　重さ：0.47kg

ペン皿
W/D/H：236/109/17 重さ：0.70kg

竹製平籠
W/D/H：370/363/57　重さ：0.21kg

竹細工筆立て
W/H：105/140　重さ：0.40kg

竹細工籠
W/H：175/270　重さ：0.38kg

竹製ライトスタンド
W/H：460/510　重さ：3.21kg

ブローチ
W/D：38/25

ガラスの積み木

井上房一郎とミラテス

井上房一郎は高崎の名士である井上工業社長・井上保三郎の長男として生まれた。早稲田大学に進学後、パリに7年間遊学。1929年に帰国し、その後は高崎の工芸活動に注力した。1934年5月、久米権九郎が房一郎にタウトを紹介したことがきっかけで、タウトは井上工芸研究所の顧問に迎えられる。タウトの報酬は3ヶ月契約で1000円（当時の県知事の月給は450円）、契約期間後は月180円の生活費を保障した。房一郎にとっては、なかば面倒を押し付けられた形だったが、タウトは房一郎の掲げる理想と工芸運動に共鳴し、工芸の産業化のために尽くした。房一郎は同研究所の漆部で働いていた水原徳言をタウトのアシスタントにつけ、タウトを少林山達寺の境内にある洗心亭に住まわせた。房一郎36歳、タウト54歳の時である。1935年2月、西銀座滝山ビル1階に「ミラテス」を開店する。店名の「ミラテス」とはラテン語で布地を鑑賞するという意味。商品には、房一郎との共同製作を意味する「タウト-井上」の落款が押されて店頭に並んだ。「緑の椅子」も完成すれば、ここで販売されたはずである。「ミラテス」の評判もあって、11月には日本橋丸善にて「ブルーノ・タウト氏指導小工芸品展覧会」が開催された。

ミラテス看板（群馬県立歴史博物館所蔵）

2

緑の椅子の
復刻プロジェクト

緑の椅子の復刻を可能にした
東北のものづくり

　その椅子は一見平凡な形だが、不思議な曲線を描く後脚や、爪先立ちをするかのように削ぎ落とされ接地する四肢の佇まいが、心地良い緊張感を醸している。まるで、繊細さや軽さの限界を追い求めたタウトの息づかいを今に伝える生き証人のようである。

　80年前に試作され、その姿を今に伝える椅子を復刻するにあたり、大学での産学共創プロジェクトで実感していたものづくりの力によって実現することを試みた。東北地方には魅力的なプロダクトを産み出している企業や世界トップクラスの技術を持つ職人さんが数多く、しかも身近に存在している。

　この試みには、先進のデジタルテクノロジーと、素材と真摯に向き合う職人技との融合が求められた。「緑の椅子」の3次元スキャンを依頼した宮城県産業技術総合センターは、仙台の工芸指導所と同じ役割を担い、タウトの時代と変わらず最先端の設備と技術で東北のものづくりをサポートしている。スキャンした形状データの、制作用モデリングデータへの変換を担当したデザインココは、仙台市と登米市を拠点として、世界的なアーティストや人

気アニメーションの原寸大フィギュアを制作しており、制作ツールである3Dプリンターまでも自ら開発する希有な技術力を持つ。そして成形合板を主力とした高い技術を有する山形県の天童木工には、「緑の椅子」の繊細さを保ちながら実用に堪える強度を備えるため、技術と経験を活かし尽力していただいた。特徴的な後脚は試作当時の強度試験によって折れたと思われる箇所を補修した状態で残っており、形状からしてもこのままでは安定した強度を出しにくい。そこで、成形合板のラミナ(単板)の積層数を中央部と端部とで変える「不等厚成形」の技法を用い、形状を損なうこと無く強度を獲得した。

　これら技術の礎を築いたのはかつてタウトが在籍した工芸指導所だった。このプロジェクトは、東北のものづくりを核として、いくつもの幸運な出会いによって実現した。

西澤高男

東北芸術工科大学 准教授
ビルディングランドスケープ共同主宰

2-1
3次元スキャン

非接触画像光学式3次元デジタイザによる3次元スキャン

　2017 年 7 月 11 日に宮城県産業技術総合センターで「緑の椅子」の 3 次元スキャンを行った。作業内容は、非接触画像光学式 3 次元デジタイザ（3 次元スキャナ）「COMET5 ／ドイツ Steinbichler 社」による 3 次元スキャンと測定したデータの編集作業である。非接触画像光学式 3 次元デジタイザは、接触式の測定機と比べ全体形状の素早い把握・可視化の機能に優れ、ロータリーテーブルによる全周囲測定も可能である。

　測定原理は三角測量を応用したもので、プロジェクターから縞模様を測定物に投影し、その歪みをカメラで読み取り三次元座標に置き換えていく。スキャナの測定範囲はカメラの視野に依存する。全体形状を測定するためには、様々な角度から測定したデータをつなぎ合わせて補完していく必要がある。測定にはまる一日を要した。

3次元スキャンの過程

1 焦点距離と測定範囲の調整をして測定開始。縞模様を投影、カメラで読み取る。

2 取得データを重ねる。カメラの死角や反射が強い箇所は欠落する。

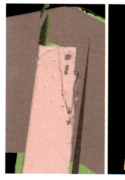

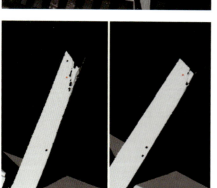

3 欠落部分を補完する。裏側も同じように測定する。

4 スキャン完了。非接触で3次元データの取得ができる。

column 4

３次元計測 宮城県産業技術総合センター

　タウトが在籍した工藝指導所と同じ仙台の地にあり、デザイン支援を行っている宮城県産業技術総合センターで３次元スキャンの作業を進めていった。

　「緑の椅子」は、当時の家具職人が削り上げたであろう弓なりにカーブした美しい脚部と、背中に沿うように曲げられた背板が特徴的である。椅子の復刻にはこれらの形状を正確に捉える事が必須であった。

　工業製品の形状検査や評価、リバースエンジニアリングの分野で利用されている３次元スキャナ（非接触画像光学式３次元デジタイザ）は、数値では表しにくい３次曲面や不均等な形状のデータ化が得意な装置である。本研究ではこの装置の強みを活かし、タウトがデザインした優美な形状のデータ化を試みた。

　狙いどおり、３次元スキャナは「緑の椅子」の形状を正確に３次元のデジタルデータに落とし込んでくれた。このデジタルデータを基に構造・接合部の検証、３次元ＣＡＤ化・図面化、量産加工法の検討が進んでいく。名作椅子の復刻に向けての第一歩を踏み出した瞬間である。

（篠塚慶介）

2-2
3 次元 CG モデル化

スキャンデータを CG を用いて 3 次元モデル化

　宮城県産業技術総合センターにて作成した三次元スキャンデータは椅子の表面の凹凸まで記録しており、このままでは NC 加工機の切削に不向きである。2017 年 9 月 4 日、株式会社デザインココにてスキャンデータに面を張り直す作業および CG を用いたモデリングを実施した。9 月 11 日、CG 担当者と家具職人を交えて「緑の椅子」の現物と CAD 図とを比較することによって、CAD 図面の修正箇所を検討した。その後、三次元 CAD 図とスキャンデータとを重ね合わせた結果、「緑の椅子」は著しく左右非対称であることが判明した。そこで破損部分のない片側のスキャンデータを中心線からもう半分に反転し、両形状の平均を取った 3 次元 CG モデルデータを製作することとした。3 次元モデリングによって非接触で各部寸法まで職人との情報共有が可能となった。

椅子の形状はシンメトリーであるという前提で、3次元デジタイザで抽出されたスキャニングデータから破損やゆがみの少ない箇所をそれぞれデータ化して組合せた。そのCADデータとスキャニングデータを1枚に重ね合わせると現れる紫色に見える部分がこの2つのデータの相違部分である。背板の右側は大きくゆがんでいたので左側の部分を基本にミラーリングし、後ろ脚の弓なりの形状の相違を修正した。

　椅子の各部材の接合部の形状については、デザインココの現職家具職人2名の意見を参考に総合的に評価した。スキャニングデータと実物を比較し、表側に見える組合せ跡や力を加えた時の弛緩の具合等から読み解いた。

最終 3 次元計測図

緑の椅子 (2018)
幅　　　　435.2mm
奥行　　　438.7mm
高さ　　　813.5mm
座面高さ　410.5mm

53

column 5

モデリング 株式会社デザインココ

　私達は通常平面のアニメキャラクターを立体化する造型制作を主な仕事としている。3DCG若しくは3DCADデータを制作して行くにあたり、設定原画にはイラストの不条理な形状や、かなりデフォルメされた形状など、多くの悩ましい表現がある。この作家の表現を読者が違和感無く感じるように物理的な形状に置き換える作業こそ、私達の仕事である。2次元のものを3次元の像として成立させる事は、その世界観や人物像を読み解く作業でもある。

　今回のブルーノ・タウトの「緑の椅子」

では、経年劣化はもとより、制作者の意図を座標軸に読む初めての仕事になった。確かに、リバースエンジニアリングの発展でスキャニングすれば、形状のデータ抽出は可能だが、この座標群と目の前の椅子との相関性を深く考える必要があった。タウトが1930年代にドイツを離れ、仙台に居を構え、様々な現実や絶望の中で己の創作を進めたことは、私達に取って大きな謎解きだった。そのヒントとしてのデータであり実物の椅子と向き合い、作者の深い思いを感じることが出来た。

（千賀淳哉）

2-3
NC 部材加工及び組み立て

天童木工の技術により実現した復刻製作

「緑の椅子」を復刻するにあたり、問題となったのが弓状の後脚であった。強度として不安があるのは折れた跡があった後脚と背もたれの接合部であり、先端に向け絞られる後ろ脚をどこまで細くできるのかが課題となった。強度が足りず折れてしまっても太くすることを良しとしなかったタウトの美意識をどこまで生かすか。天童木工からの提案は不等厚成形合板を用いることであった。不等厚成形合板とは、成形合板の高い強度を持ちつつ部分によって厚みを変えることのできる積層材である。天童木工では、過去に磯崎新のモンローチェアの特徴的な後脚の形状をこの技術によって実現した経験がある。今回の復刻には当時の形状を忠実に再現するだけでなく、日常的な使用に耐えうる構造が求められた。結論として、不等厚成形合板の技術によって構造的な理由による修正を最小限に抑えることを選択した。

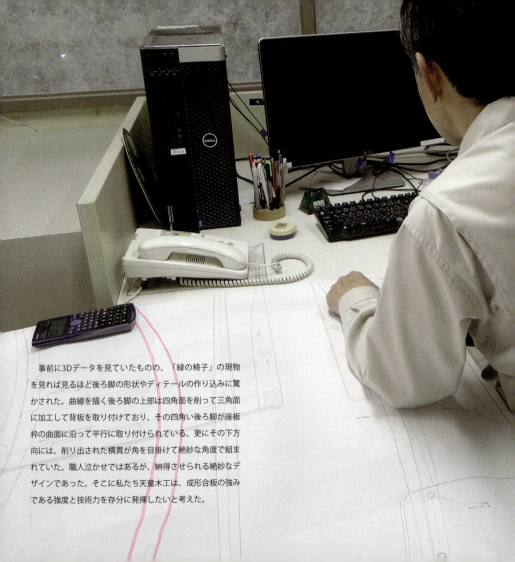

　事前に3Dデータを見ていたものの、「緑の椅子」の現物を見れば見るほど後ろ脚の形状やディテールの作り込みに驚かされた。曲線を描く後ろ脚の上部は四角面を削って三角面に加工して背板を取り付けており、その四角い後ろ脚が座板枠の曲面に沿って平行に取り付けられている。更にその下方向には、削り出された横貫が角を目掛けて絶妙な角度で組まれていた。職人泣かせではあるが、納得させられる絶妙なデザインであった。そこに私たち天童木工は、成形合板の強みである強度と技術力を存分に発揮したいと考えた。

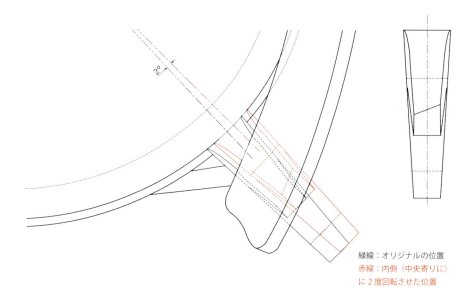

緑線：オリジナルの位置
赤線：内側（中央寄りに）
に2度回転させた位置

後脚の構造の再検討

3次元計測図からの主な変更点
・幅・奥行・高さ・座面高さに変更なし
・後脚の取り付き位置を2度中央よりに回転移動
・後脚の座面取り付き部分の厚みを4mm増やす
・後脚の上端の厚みを10mm増やす

緑の椅子 (1935)

緑の椅子 (2018)

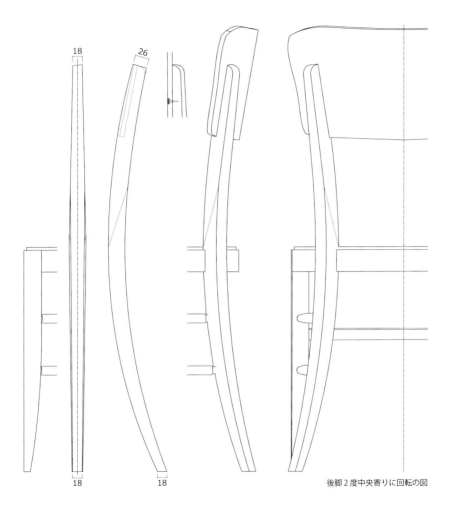

後脚2度中央寄りに回転の図

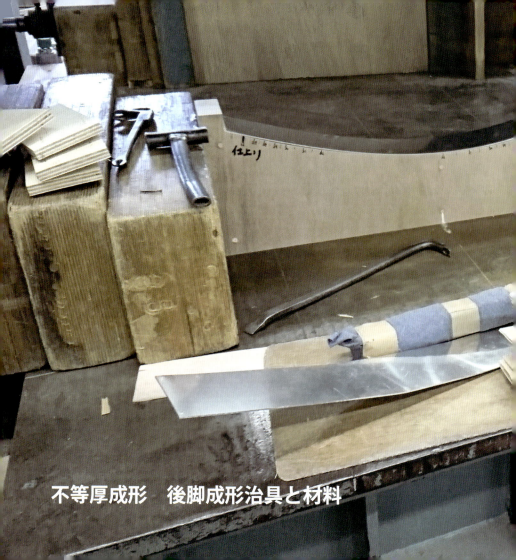

不等厚成形　後脚成形治具と材料

製作にあたり加工方法の異なる治具（型）を用意することにした。背板と座板の枠部分の製作用に等圧成形の治具を準備し、後ろ脚には不等厚成形の治具を準備した。最も注意すべき部分は不等厚成形の加工であり、わずかな寸法の誤差でさえ、仕上がりに大きく影響してしまう。一般的な等厚成形は、同じ長さの単板（薄くスライスした板）を重ねて成形治具に入れて加圧成形するのに対し、不等厚成形は長さの異なる単板を意図的に重ねることでパーツに部分的な厚みの差を作り出す。単板の位置がズレてしまうと角度が変わり、製品として成り立たない。熟練した非常に高い技能を必要とする加工方法である。単板の含水率、外気温と湿度を考慮し、徴細な調整を加えながらの成形は、まさに神業とも言えるだろう。だからこそ、この「緑の椅子」にふさわしいと思った。

後脚のNC加工

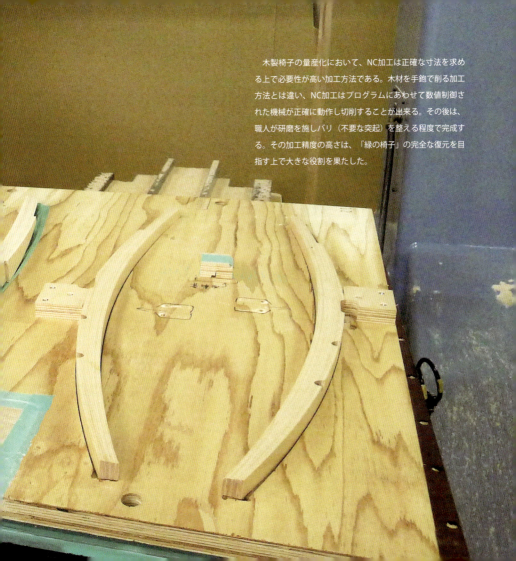

木製椅子の量産化において、NC加工は正確な寸法を求める上で必要性が高い加工方法である。木材を手鉋で削る加工方法とは違い、NC加工はプログラムにあわせて数値制御された機械が正確に動作し切削することが出来る。その後は、職人が研磨を施しバリ（不要な突起）を整える程度で完成する。その加工精度の高さは、「緑の椅子」の完全な復元を目指す上で大きな役割を果たした。

1脚の木部材合計は17点におよぶ。後脚の不等厚成形合板と、背板、座枠の部分の等厚成形合板は、量産化のための成形治具（型）をつくり製作している。前脚、貫、隅木は「緑の椅子」と同形、同寸法でホワイトビーチの無垢材を加工し表現した。隅木は前脚と座枠の接合部分の補強材として座の裏側に隠れている部分ではあるが、波型に加工され、高い意匠性を感じるものであった。

　コストを考慮すると現代では排除されがちな装飾であるが、見えない部分の形にも配慮するタウトの細やかな考えやディテールへのこだわりを感じながら再現を進めた。

組み立て、仕上げ作業

　不等厚成形で苦労した後脚の組み立てにも難題があった。後脚に接する、背・座・横貫2点の4か所の支持が椅子の構造を成り立たせるため、組み立て時の順序や位置を間違えることはできない。幸いにも不等厚成形とNC加工の正確さによって、その組み立て作業を幾分容易にすることができた。

　最後に、最終形状と同じ試作品を製作し、厳しい自社基準に準じて強度試験を行った。座面に60kgのおもりを載せ、耐久性を測るイスの繰り返し衝撃試験を実施した。その結果、各部に変形や破損などの異常は認められなかった。

　ブルーノ・タウトの描いた弓状の曲線を表現できているだろうか。この椅子の要である後脚に、その機能と本当の美を感じてもらいたい。

column 6

天童木工と成形合板

株式会社　天童木工

　木製家具の多くは、民芸家具に多い無垢材を加工するものと、薄くスライスした板(単板)を積み重ねて接着するプライウッド(積層合板)を加工するものに大きく分かれる。

　プライウッドは加工性が高く量産に適しており、中でも曲面に成形加工したものは「成形合板」と呼ばれ、強度を保ちながらデザイン性の高い形状を実現できる。その成形合板技術を国内でいち早く実用化したのが、私たち天童木工である。

　1940年に創業した当社は、戦中、弾薬箱や木製のおとり飛行機を製造し、終戦後は丸飯台(ちゃぶ台)や流し台、進駐軍向けの洋家具を製造していた。

　東京の高島屋で高周波成形接着の実験を見たことをきっかけに、1947年国内の家具メーカーに先駆け高周波発振装置を導入。産業工芸試験所(前　工藝指導所)からの指導を受けるなどして成形合板の研究を本格化し、のちに産業工芸試験所に在籍していた乾三郎氏を天童木工の技術部長に迎えその技術を発展させていった。

　高度経済成長期を迎えるころには、大規模な集客施設の建造が続き、家具の大

乾氏とプレス

1940年　天童木工家具建具工業組合

量生産が必須となっていた。時代を牽引する建築家やデザイナーが、その量産性や剛性、高いデザイン性を実現できる成形合板に興味を持ち、多くの名作家具が生まれた。

チェア（S-5007AA-AA）やスポークチェア（S-5027NA-ST）など、ブルーノ・タウトに学んだ剣持勇氏や豊口克平氏のデザインは、今もなお愛され続けている。

ブルーノ・タウトは、1933年に宮城県仙台市にあった国立工芸指導所に招聘され、工芸産業の質の向上のため指導や提案を行った。短期間ではあったがその期間に、彼が残した技術や考え方は大きい。

「緑の椅子」は、強度試験の過程で無垢材の後ろ脚が木目に沿って割れてしまっているが、その時代に成形合板技術が日本に普及していたら、量産化され世に羽ばたいていたかもしれない。

数十年のときを経て、当時の技術では叶えることができなかった「緑の椅子」の実用化・量産化を実現したのは、彼が残した功績によるものである。

最終製作形状

緑の椅子 (2018)
幅　　　　435.2mm
奥行　　　438.7mm
高さ　　　813.5mm
座面高さ　410.5mm
重さ　　　4.8Kg

座板：ホワイトビーチロータリー単板積層
　　　ポリウレタン塗装 NT 色（生地色）
座枠：ホワイトビーチロータリー成形合板
　　　ポリウレタン塗装 NT 色（生地色）
背板：ホワイトビーチロータリー成形合板
　　　ポリウレタン塗装 NT 色（生地色）
前脚：ホワイトビーチムク材
　　　ポリウレタン塗装 NT 色（生地色）
後脚：ホワイトビーチロータリー成形合板（不等厚）
　　　ポリウレタン塗装 NT 色（生地色）
前の妻貫：ホワイトビーチムク材
　　　ポリウレタン塗装 NT 色（生地色）

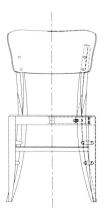

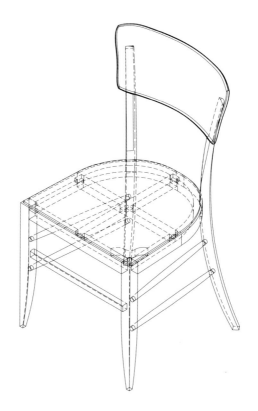

緑の椅子 1935

緑の椅子　2018

田中 辰明

お茶の水女子大学名誉教授

photo: Saitō Sadamu

2016年11月8日少林山達磨寺の洗心亭にて対談

廣瀬 正史
少林山達磨寺 住職

3
タウトをめぐる思い出

タウトをめぐる思い出
田中辰明×広瀬正史

田中：ブルーノ・タウトは日本に1933年5月3日に敦賀にやって来て、洗心亭に入居した日が1934年8月1日です。実際にはドイツから敦賀に入ってきたのですが、横浜に着いたと、自分の生涯を小説風に日記に書いています。岩波書店から出たタウト『日本の家屋と生活』という本です。ここに来るまではかなり不安がっていた様なことが書いてございますね。しかしここに参りまして、この部屋の簡素な美しさ、それが素晴らしいと最初から言っています。

当時ブルーノ・タウトを受け入れたのは現住職のご祖父様である廣瀬大蟲住職でした。奥様を連れて、それから日記には長女と書いてありますけども実際は次女の敏子様と、三人でこの洗心亭にやってこられて、日本式の非常に丁寧な挨拶をしました。それから非常に打ち解けて、特に敏子様がこの部屋に入って床の間に花を活けたり、お琴を弾いたり、掃除もやって、非常によく面倒を見てくれたと。それで敏子さんをかなり気に入るのです。というもの、敏子さんはブルーノ・タウトがドイツに残してきたクラリッサという娘とたまたま同じ年の生まれであったようですね。

大蟲和尚は大変立派な方だと伺っております。特に日本が原子力発電を始めようとした時には反対して、「電気のある便利な生活よりも貧しい生活でいい。あんなものはいらない」ということを読売新聞の正力松太郎社主に手紙を出したと伺っております。そういった方がおられたから、ブルーノ・タウトをこの時期に招き入れたのではないかと思います。ブルーノ・タウトは亡命者ですから、場合によっては厄介な人間で、断ってしまえばいいものを喜んで受け入れられた。そういったところはたいしたものだと思い

ますね。

廣瀬：当初はブルーノ・タウトが100日の期限でここに住むことを井上房一郎※1さんと契約したそうです。ドイツの大建築家ということはもう先に知らされていたようでして、そういう素晴らしい方が見えるのでしたら、三ヶ月の間ということもあったと思いますが、是非ご接待しようというつもりで受け入れられたのではないかと思いますね。

田中：ブルーノ・タウトが洗心亭に住むと、バーナード・リーチや柳宗悦といった大変な著名人が日本の各地から訪れて、12月の末にここにお泊りになって、タウトと芸術論、哲学、一般のことを話し合ったと。翌日には井上房一郎さんが参加しています。また、高崎でもだいぶ仕事をしていた建築家のレーモンド夫妻もここを訪ねています。

廣瀬：お寺に大蟲和尚が書き留めたものには「世界各国のいろいろな方が見えるので驚いている。やはりすごい建築家

1934（昭和9）年9月9日、ブルーノ・タウト夫妻歓迎会

歓迎会後、講堂前の石垣に上って記念写真。
左からタウト、エリカ、廣瀬敏子、大蟲和尚、儘田郁彦

だ」という記述がありました。

田中：タウトの日記には「たくさんの方がここを訪れ、そうかと思うと全く客が来ない日もあった。それを閑居である」と書いてあります。サンクトペテルブルグの貴族の出身で亡命のような形で日本に来た、ロシアのブブノア夫人とは東京に行くと会ったり、こちらで一緒に散歩をしたりということも書いてあります。ワルワーラ・ブブノワは東京では早稲田大学の露文科で非常勤講師としてロシア語を教えており、あまり安定した生活ではなかったようです。タウトと通じる表現主義の素晴らしい絵や版画作品を残し、それが今では早稲田に寄付されています。

廣瀬：タウトがブブノワさんと会うときは、エリカもなにか遠慮していたくらい、お二人は仲が良くお気が通じていたという話を水原徳言※2さんから聞いております。

田中：ブルーノ・タウトから見るとブブノワ夫人がさらに知的な人間だという風に映ったのかもしれませんね。それと、洗心亭にいたときにタウトは当然のことながら故郷ドイツを思っていたわけです。タウトが洗心亭に来たのが8月1日という非常に暑い時期で、ドイツ人には日本の暑さが大変だったと思いますが、移ろい行く四季のそれぞれの景色を丁寧に日記に書いています。

廣瀬：そうですね。街の風景とここから見える田園風景や自然から、安らぎや懐かしさを心に思い浮かべたのではないかと思います。この地域では人とすれ違うときに「こんばんは」「こんにちは」と挨拶をしていました。日本人の礼の仕方が非常に丁重だということで、タウトは非常に感激しているわけです。タウトは「散歩の途中で『こんばんは』と勝手に農家に入る」と地元の人たちが言っています。昼間でも「こんばんは」と言いながら入っていって、床柱をなでたり、梁を見たり、建築家だからどこに行っても家の造りに興味があったのでしょう。日

本の建築は曲がったものも活かしてうまく使っていました。この辺りには古い建物も残っていたからよく観察したようです。

田中：タウトは日本語があまり達者ではないので、みんなに「ダンケ」と言ったので、この村にはありがとうのドイツ語がずっと伝わったそうですね。

廣瀬：我々も小さい頃はダンケと言う言葉だけは知っていました。またこの地域では皆で「タウトさん」「エリカさん」と親しみをこめて呼んでいました。

田中：ブルーノ・タウトもエリカもここでさびしいであろうということで、大蟲和尚が小学生を呼んで演芸会を開いてそれをタウトが非常に喜んだそうですね。

廣瀬：ここに来て一月ほど経った頃、昭和9年9月9日に、もう故郷に帰れないタウトを皆で慰めようとしたのだと思います。講堂で小学生が歌と大人顔負けの優雅な踊りを見せたといって非常にほめておりましたね。タウトが亡命さながらにやって来て帰れないというのを皆ある

左からエリカ、久米夫人、井上房一郎、久米権九郎、タウト、ブブノア
タウトの会製作のDVD『夢ひかる刻』より

ブルーノ・タウトの顕彰碑
オンケルトムズヒュッテ (1926-1931)
総住戸数1915戸、内1592戸がタウト設計による

程度分かっていたようですね。

田中：タウトは旅人だったのではないかと思われます。ここには、ひと時の宿として住んでいたのではないでしょうか。タウトは今ではロシア領になった、ドイツの東プロシアのケーニヒスベルクの出身です。大人になってベルリンに出てきて、シュトゥットガルトのテオドール・フィッシャー※3という有名な建築家のところで修業をして、それからベルリンで自分の設計事務所を開きました。モスクワに行って仕事をして、ベルリンに戻り、日本に来ました。そしてさらにトルコへ行ってしまいました。タウトは日本にいる間は建築の仕事が出来なかったものですから、「建築家の休日」と言う風に自嘲しましたが、タウトにとっては本当に貴重な時間だったのではないかと思われますね。ドイツにいる間は建築の仕事が忙しくて、日記を書いたり文章を書いたり出来なかったのですが、洗心亭に落ち着くことによってあれだけの著作物

を残して、多くの人に影響を与えました。タウトが書いた『日本美の再発見』は現在も岩波新書から出ておりますが、私は高等学校の時に読んで、生意気にも建築の仕事とは素晴らしいなと思いまして、それで建築の道に進みました。

廣瀬：タウトの導きですね。

田中：1971年から3年間ベルリン工科大学に留学いたしました。ベルリンには非常にたくさんの有名建築があります。よく私の知人が訪ねてくるので、三時間コース、半日コース、一日コースを設定して案内しました。私の恩師、建築意匠の武基雄先生が訪ねてこられたことがあります。「ブルーノ・タウトが日本に来た時に早稲田大学と東京大学で集合住宅論の講義を受けた」と言うのです。日本には当時長屋くらいしかない時代でした。感銘を受けた武先生が、ベルリンに来られて「ブルーノ・タウトの建築物を見たい」と言われました。それはオンケルトムズヒュッテという集合住宅でし

た。ブルーノ・タウトはベルリンにたくさん建物を残していると武先生から伺いまして、それから暇があると写真を撮って歩きました。残念ながら当時のフィルム写真にはカビが生え変色してしまいました。もう一回デジタルカメラで撮り直しております。また、私がタウト作品の撮影を始めたころは、本当に汚い状態が随分多かったのですが、ベルリンの建築家ヴィンフリード・ブレンネ※4さん等のご努力で、タウトの建築物の修復作業が進んで綺麗になっていきました。

廣瀬：田中先生はダーレヴィッツにあったブルーノ・タウトの自邸にはいらっしゃいましたか。

田中：はい。何度も行きました。丸いケーキを四つに切った扇子のような格好をした住宅です。外がチャコールグレーに塗ってあり、中はえんじ色やら青や黄色など原色をつかったカラフルな住宅です。タウトは「少林山はダーレヴィッツである」と日記に書いていますね。それ

❶ガレージ　❶Garage
❷貯蔵室　❷Speicher
❸洗濯室　❸Waschküche
❹石炭庫　❹Kohlelager
❺流し場　❺Spüle
❻厨房　❻Küche
❼居間　❼Wohnzimmer
❽小部屋　❽Kleines Zimmer

ダーレヴィッツのブルーノ・タウト旧自邸
（1926-1927）平面図

四分の一円弧状の東側外観

ほど、洗心亭での生活を気に入ったのではないかと思います。そしてタウトは洗心亭にいるときに熱海の日向別邸の構想を練っていたわけです。この内装が実はダーレヴィッツの住宅とかなり共通点があるのです。すなわち色がそっくりで、洋間は海老茶、臙脂といったほうがいいか、赤っぽいワインレッドというか表現が難しいのですが、それで塗装されています。それと洋間の段々に腰をかけて相模湾を見渡すという仕掛けが、ダーレヴィッツの住宅にある段々に座って大きなガラス窓を通して森をみるような仕掛けと共通点があります。

廣瀬：ここでそういうのを思い出しながら構想を練っていったわけですね。

田中：そうですね。日向別邸は日本に今残っている唯一の作品で、イスタンブールにいく直前に竣工しました。だから、確かに建築家の仕事が当時できないにしろ、思いをめぐらし、本を書き、たくさんの本をここで読んでいました。驚くこ

とに『徒然草』を読んで、鴨長明の『方丈記』を英訳からドイツ語に訳しました。ドイツ語をよく理解した上野伊三郎[5]と、オーストリア人のリチ夫人に丁寧にチェックしてもらったということを書いています。共通しているのは簡素な美しさということでしょうか。以前、ドイツ文化センターのブルーノ・タウトに関する講演会へご住職さんにいらしていただきました。ブルーノ・タウトが岩波書店から『画帖桂離宮』と言う本を出しております。それに「Kunst ist Sinn」、芸術は意味だということと、簡素な美しさがいいのだと記しています。「伊勢神宮にしろ、桂離宮にしろその簡素の美しさの極みであると。一方で、日光の東照宮をキッチュといって嫌ったわけです。そして洗心亭で生活できることを非常に喜んでいました。

廣瀬：こういう場所だからこそ、ね、日本的な発想や、日本人の文化の根底にあるものを感じ取っていたところがあるの

かなと思いますね。

田中：タウトは非常に鋭い観察眼を持って、ドイツにはない床の間の絵をいくつかの本に発表しています。一枚薄い間仕切りを置いて、床の間の裏側が生活の場の厠であるのは日本の素晴らしいところであると。ブルーノ・タウトは常に平和主義者でした。表と裏を当時の世の中の動きに例えて、今裏側が活動しすぎて戦争に向かっていこうとしていると批判しました。現在ではロシア領になりましたが、タウトの出身地のケーニヒスベルクから出たイマヌエル・カントという哲学者は、永久平和の本を出し「とにかく戦争は絶対にいけない」と説きました。その思想をブルーノ・タウトはずいぶん受け継いで、洗心亭にいる時にもカントの言葉をドイツ語で短冊に書いて色んな方に配りました。それが達磨寺に残っています。「Der bestirnte Himmel über mir, und das moralische Gesetz in mir」「星の輝ける大空は我が上に、道徳的規範は

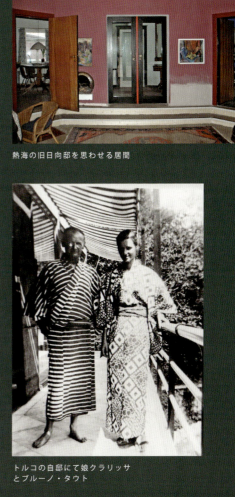

熱海の旧日向邸を思わせる居間

トルコの自邸にて娘クラリッサ
とブルーノ・タウト

我が内に」といった言葉で、非常に気に入っていたようです。

廣瀬：そうですね。このお寺の本堂では北極星をお祀りしています。北極星を中心にして全ての星が運行している、それが我々の上にある。宇宙信仰といいますか、真理そのものが宇宙にゆきわたっているということを理解していたのかと思います。そして内なる道徳律というのは、仏教では仏性といって、それぞれに仏があると。カントの言葉と共通しているという喜びを言葉としてここに残したわけですよね。また、大蟲和尚は洗心亭で掛け軸を時々変えては、「玄風宇宙に弥る」教えの風が宇宙にみなぎるという、日本人でも良く分からない言葉を身振り手振りで解説したらしいですね。大蟲和尚とタウトは言葉は通じなくても、毎日二人で昼食を食べて、大声で笑っていたそうです。「何で笑っているのか不思議だ」と敏子おばさんがよく話していました。敏子は女学校を出ているのであ

る程度は英語が出来たらしいです。

田中：現在でいう高崎女子高等学校ですね。進学校の有名女子高で、実は私の大学にもずいぶん卒業生が入学してまいります。洗心亭から見る空は非常に晴れて、いつも明るいとのことですから、おそらく星も良く見えたのだと思いますね。

廣瀬：そうですね、このあたりは空っ風が吹いて冬場は乾燥し、雨と雪が少ないです。日照時間は非常に長いところです。タウトは喘息気味なので、晩御飯はエリカがお手伝いさんと二人で外で火を起こして、いろいろ煮焚きしたらしいですね。

田中：タウトは最初に台所を見てずいぶん驚いたようですね。日記などもタウトの口述をエリカがここで書いたのですね。ブルーノ・タウトはこの机を非常に気に入って、熱海の旧日向別邸でも同じものを使っています。ブルーノ・タウトは1936年にここを去るわけですけれども、実はベルリンオリンピックがあった年です。日本では1940年にオリンピッ

ク開催が決まっていました。ブルーノ・タウトは他人の言葉を使ってはいますが「愚民化する」と批判しています。ヴェルナー・マルヒがベルリンに建てた競技場はナチス建築と呼ばれました。聖火リレーと称してランナーに近隣の国を走らせて地理を調査して戦争に使ったこともありました。日本が戦争に向かっていくことを嘆き、ここから浅間山が爆発したのを見て「地球が怒っている」と言っていました。

廣瀬：タウトには日本への憧れというのがドイツ時代からあったのでしょうか。

田中：そのようですね。彼が青春時代を過ごしたコリーンと言う芸術家が集まった土地がベルリンの郊外50キロほど北にあります。そこの娘たち、実はドイツにおいてきた正妻ヘドヴィックとその姉妹達を思い出したことも日記に書いてあります。コリーンでタウトはヘドヴィックと結婚しました。そこに今で言う農林省から派遣された北村という技師がい

① 便所
② 洗面所
③ 広間
④ 倉庫
⑤ アルコーブ
⑥ 社交室
⑦ 洋間
⑧ 上段
⑨ 日本間12畳
⑩ 上段
⑪ 日本間5畳半
⑫ 洗面所
⑬ ベランダ

旧日向別邸（1935）平面図

洋間から上段を望む。色彩や段を用いてることなどがタウトが自ら設計し日本へ脱出するまで住んでいたダーレヴィッツの旧自邸と酷似している。

て、造林技術を勉強していたらしいのです。その人から浮世絵を勉強したり、日本文化を紹介されたりして日本に憧れるようになったと書いています。また、日本には、タウトにとって有能な秘書のようなエリカという伴侶を連れてきました。日記でも何でも夫人と書いてありますけれども、籍は入っていない伴侶で、タウトとの間にクラリッサと言う娘がいました。パウル・シェーアバルトという幻想的な詩人で、「ガラス建築」をタウトに示唆した人に憧れているがために、ブルーノ・タウトは自分の娘にもその小説の主人公の名前をつけました。クラリッサはもう亡くなりましたが、スザンネ・キーファ・タウトという娘さんがまだ居られるのです。何回か訪ねて行った折に「ぜひお祖母さんとお祖父さんが住んだ洗心亭と、遺作である日向別邸に行きたい」と言うので、何回もいらっしゃいと言ったのですが、病気になったりして今日に至っています。もう、80歳ぐらいだと思います。一度、ここの小さい達磨をお持ちしたことがありまして、意味を説明するのが非常に難しかったですね。大蟲和尚は、火災があって荒れていたこのお寺を再興に来られた方ですね。本当は別のお寺の住職になるはずだったのですが、そこには跡継ぎが出来たのでこちらに来て、現在のような立派なお寺にする礎を築きました。その時にやはり達磨を売ったそうなのです。それに対してやっぱりブルーノ・タウトはちょっと批判的でした。

廣瀬：お守りとかお札を売らなくてはいけないのは、本来の形じゃないと。

田中：ブルーノ・タウトはプロテスタントの家に生まれて、二つほど有名なプロテスタントの教会を改修しました。カトリックだったものをプロテスタントに改修して、内装工事などをしたわけです。カトリックは実は護摩などを売っており、それを宗教改革者のマルチン・ルターが批判したわけです。ドイツでは教

会税があり、教会が特に商売をしなくてもお金が入ってきます。日本ではそういう仕組みが無いので、お寺は自活する方法を考えなくてはなりません。タウトは大蟲和尚について「ふんどし一本で子どもたちの散髪をしているのが非常に素晴らしい」ということも日記に書いていました。

廣瀬：人間的な面を見たわけでしょうね。多分その10歳くらいの子どもは私の父親です。人の家の子の散髪はしないでしょうから。

田中：タウトは常にルポライターだったような感じを受けますね。ブルーノ・タウトが憧れた日本人は鴨長明にしろ、松尾芭蕉にしろ、旅行しながら書いていたところで共通点があるのではないでしょうか。

廣瀬：あまり西には行ってないですね。

田中：下関から出国していますが、実際に見聞したのは大阪までが限界ですね。それから向こうには行ってないですよね。この間、工学院大学へバウハウスの学芸員であるトルステン・ブルーメ※6

日本間上段番頭台脇のライティングデスク
エリカがタウトの文書を清書した、洗心亭の折り畳みのライティングデスク

さんが来られて講演されました。ブルーメさんがいろいろ調べてみると、日本では工作連盟と呼んでいるヴェルクブントという団体でブルーノ・タウトが先に会員になっていて、ヴァルター・グロピウスもそこの会員になって、おそらくそこで切磋琢磨したアイデアがバウハウスとなって生まれたのではないかと講演されていました。ブルーノ・タウトが活躍した時代と、バウハウスが活躍した時代は時期的に一致しています。しかし、ブルーノ・タウトがバウハウスで講義したことはありません。おそらくグロピウスからいうと、タウトはあまりにも偉い人でバウハウスが掻きまわされてしまうのではないかと考えたわけです。実はバウハウスは工芸が得意でした。けれども、ブルーノ・タウトはドイツにいる間は建築の仕事が忙しくて、工芸はやっていなかったはずです。そしてこちら高崎に来て工芸を教えました。井上房一郎さんに資金を出してもらい、ここ高崎に日本の

バウハウスを作るといった構想もかなり出来ていたみたいです。

廣瀬：そうですね。建築工芸学校を作ろうとして、縁も作ろうとしたのでしょうね。

田中：結局、資金的に成り立たないとして計画がだめになり、ブルーノ・タウトは非常に落胆します。ですからタウトはグロピウスの上を行く建築家だったと見ていいのではないでしょうか。世界の四大建築家と言うと、ル・コルビュジエとフランク・ロイド・ライト、そしてバウハウスの初代校長のグロピウスと、最後の校長のミース・ファン・デル・ローエです。バウハウスでは、有名画家のパウル・クレーやカンディンスキー、そのほかヨハネス・イッテンという画家でもあり美術教育者が教えていました。「絵を描くのは才能ではなくて教育すればある程度まで行く」というのがイッテンの考えだったようです。そんな背景が影響しあったところで、タウトが来日しました。大蟲和尚に迎えられて、気に入っ

て100日の予定が二年二ヶ月滞在しました。一方で政治に翻弄されたということもあるでしょうね。二・二六事件が起きて、余り新聞で報道されないことを心配して、「日本はどちらへ向かっていくのであろう。やはり日本を出なくてはいかん」という気持ちが段々高まってきたのでしょう。1936年10月8日に辞去して、1936年10月15日にイスタンブールに向かって旅立ちます。

廣瀬：日記も二・二六事件の頃から一時は書かれていません。それだけショックだったのかもしれないですね。タウトが10月8日に旅立つとき、すぐこの階段の下まで迎えの車が来たそうです。しかしそこで乗らないで、わざわざ橋を渡って、たくさんの人が見送りしてくださる藤塚の街まで歩いて行ったのですね。村人たちが総出で「タウトさんバンザイ！エリカさんバンザイ！」とやったら、タウトが今度は「八幡村バンザイ！少林山バンザイ！」と言い、それでみんな感激

1976年3月28日、トルコ・イスタンブールのタウトの墓を訪ねた水原德言

日本に届けられた石膏製のデスマスク

して、拍手もして、わっと盛り上がったそうです。この近くで災害や洪水があると、タウトはそんなに裕福ではないのに、ドイツから持ってきたお金を切り崩して、お見舞いとして被害にあった全戸にブリキのバケツを配りました。「残った物は特に貧しい人に差し上げて」と地元に預けたということです。普段のお付き合いがあったからこそのお見送りなのでしょうね。

田中：やがてブルーノ・タウトが下関から関釜連絡船に乗って朝鮮を渡ってイスタンブールへ行く時も、敏子様は横浜まで泣きながら送っていったということが日記に書いてございますね。タウトはイスタンブールに行き二年ぐらいで過労のために亡くなります。ブルーノ・タウトが若くして亡くなってしまって非常に残念です。タウトの死後にエリカが途中で拘束されたりしながら、全ての遺品とデスマスクを日本に持って帰ってきて少林山に収めました。そのおかげで篠田英雄先生が日記を翻訳されて、その他の本もかなり日本で出版されるようになりました。エリカの貢献はすごいですね。

廣瀬：エリカは高崎では水原徳原先生のところにお邪魔して生活していたようです。そして一度は敏子の嫁ぎ先の桐生まで行ったということです。

田中：後に敏子様のお嬢様が建築家になられたということは、やはり間接的にブルーノ・タウトの影響があったのではないでしょうか。

廣瀬：今は桐生でご主人と一緒に建築をされています。

田中：今日、ブルーノ・タウトとエリカが二年ほど住んでいた洗心亭で、住職と対談させて頂けるなんて本当に光栄でございました。

※1 井上房一郎（1898-1993）群馬県出身の実業家。高崎観音、群馬音楽センター、高崎哲学堂を建設した。タウトやレーモンドを支援した。
※2 水原徳言（1911-2009）タウトの唯一の弟子。井上工芸研究所にてタウト工芸作品のために働いた。タウトの死後はタウトの言説を近くで知る者として展覧会や書籍に言葉を寄せている。
※3 テオドール・フィッシャー（1862-1938）ドイツ工作連盟の初代会長を務めた建築家。代表作にミュンヘンの公共住宅、イエナ大学本館、シュトゥットガルト美術館。
※4 ヴィンフリード・ブレンネ（Winfried Brenne）建築家。ベルリンにあるタウト建築の色彩の修復、ユネスコ世界遺産文化遺産登録に尽力した。
※5 上野伊三郎（1892-1972）「日本インターナショナル建築会」の会長。タウト来日時に入国ビザを手配し、タウトを全面的に支援した。
※6 トルステン・ブルーメ（Torsten Blume）バウハウスのキュレーターであり研究員。タウトが提唱する「都市のクリスタリゼーション」がバウハウスに影響を与えたことを講演した。

参考文献
田中辰明、庄子晃子『ブルーノ・タウトの工芸—ニッポンに遺したデザイン』LIXIL出版、2014年
田中辰明『ブルーノ・タウトと建築・芸術・社会』東海大学出版会、2014年
田中辰明、柚本玲『建築家ブルーノ・タウト—人とその時代、建築、工芸—』オーム社、2010年
広瀬正史『—寺報— 福FUKU第31号』少林山達磨寺、1995年
ブルーノ・タウト『日本の家屋と生活』篠田英雄訳、岩波書店、1966年

田中 辰明

お茶の水女子大学名誉教授

1965年早稲田大学大学院理工学研究科修了。1965年4月-1993年3月（株）大林組技術研究所。1971年-1973年DAAD(ドイツ学術奉仕会)奨学生としてベルリン工科大学ヘルマン・リーチェル研究所留学（客員研究員）。1979年工学博士（早稲田大学）。1993年4月-2006年3月お茶の水女子大学生活科学部教授。2006年ドイツ技術者協会(VDI)よりヘルマン・リーチェル栄誉メダルを授与。2008年1月17日 厚生労働大臣より「建築物環境衛生工学の発展」の功績による表彰。現在、お茶の水女子大学名誉教授、(一社)日本断熱住宅技術協会理事長。

著書に『建築家ブルーノ・タウト —人とその時代、建築、工芸—』（柚本玲と共著）オーム社2010年、『ブルーノ・タウト - 日本美を再発見した建築家』中公新書2012年、『ブルーノ・タウトと建築・芸術・社会』東海大学出版会2014年、他多数

廣瀬 正史

少林山達磨寺 住職

1977年駒澤大学仏教学部仏教学科卒業。黄檗山禅堂（専門道場）掛錫（修行）。1981年少林山達磨寺の住職に就任。2000年ブルーノ・タウトの映像を作る会に参画。市民活動でブルーノ・タウト生誕120周年ドキュメンタリー「知のDNA 夢ひかる刻」を制作。テレビ朝日にて出演、放送。2009年第4回『ブルーノ・タウト賞』を受賞。タウトを温かく迎えたことや、三代にわたり資料の保存に努めたことが評価される。
役職歴 黄檗宗青年の会会長。他黄檗宗内外の役職を歴任。現在、黄檗宗大本山万福寺責任役員、黄檗宗日本協議会会長、日本達磨会副理事長、世界達摩協会理事、高崎仏教会副会長、社会福祉法人いのちの電話理事・評議員、保護司、他。

著書に『よくわかるだるまさん』チクマ秀版社2000年、『迷いがすーっと消えるかきすて禅語帖』キノブックス2016年

参考文献

浅水雄紀「20世紀初頭の名作家具の復刻の手法の開発—ブルーノ・タウト緑の椅子復刻プロジェクト—」工学院大学建築学専攻修士論文、2018年

浅水雄紀、鈴木敏彦ほか「20世紀初頭の名作家具の復刻の手法の開発—ブルーノ・タウト緑の椅子の復刻プロジェクト」日本インテリア学会第29回大会、2017年

鈴木敏彦ほか『NICHE 04』Opa Press、2017年

田中辰明、庄子晃子『ブルーノ・タウトの工芸—ニッポンに遺したデザイン』LIXIL出版、2014年

田中辰明『ブルーノ・タウトと建築・芸術・社会』東海大学出版会、2014年

田中辰明、柚本玲『建築家ブルーノ・タウト—人とその時代、建築、工芸—』オーム社、2010年

広瀬正史『—寺報— 福FUKU第31号』少林山達磨寺、1995年

ブルーノ・タウト『日本の家屋と生活』篠田英雄訳、岩波書店、1966年

ブルーノ・タウト、斉藤理訳『新しい住居 つくり手としての女性』中央公論美術出版、2004年

ブルーノ・タウト、篠田英雄訳『タウトの日記 1933年』岩波書店、1975年

ブルーノ・タウト、篠田英雄訳『タウトの日記 1934年』岩波書店、1975年

ブルーノ・タウト、篠田英雄訳『タウトの日記 1935-36年』岩波書店、1975年

剣持勇の世界編集委員会編『剣持勇の世界第4分冊その私的背景—年譜・記録』河出書房新社、1975年

剣持勇の世界編集委員会編『剣持勇の世界第5分冊 - 規格家具』河出書房新社、1975年

水原徳言『ARBEIT FÜR INOUE VON BRUNO TAUT』少林山達磨寺所蔵品、1975年

水原徳言『ブルーノ・タウトの21枚 -55年を過ぎて -』少林山達磨寺所蔵品、1993年

水原徳言「ブルーノ・タウトの工芸」『SD 7812第171号』鹿島出版会、1978年

ブルーノ・タウト「現代日本工芸 - 高崎に於ける製作の信条」『SD 7812第171号』鹿島出版会、1978年

菅澤光政『天童木工』美術出版社、2008年

謝辞

　本書は工学院大学修士課程で建築学を専攻した浅水雄紀君の 2016 年から 2018 年度の研究成果を中心に、工学院大学建築学部同窓会 NICHE 出版会が書籍『NICHE 04』『NICHE 03』に発表したブルーノ・タウトや井上房一郎の記事を背景にまとめたものである。多くの方々に様々なご協力を賜った。ここに記して感謝の意を表す。武蔵野美術大学名誉教授の島崎信先生とタウトの椅子の復刻経験がある木工家の谷進一郎氏には椅子の復刻の作法についてご指導頂いた。お茶の水女子大学名誉教授の田中辰明先生と、少林山達磨寺の廣瀬正史住職には、洗心亭にてタウトの思い出を振り返って頂いた。東北工業大学名誉教授の庄子晃子先生には仙台での調査をご支援いただいた。宮城県産業技術総合センターの篠塚慶介氏、株式会社デザインココの千賀淳哉氏、株式会社天童木工の村山繁弘氏と後藤良夫氏には「緑の椅子」の復刻に並々ならぬ情熱を注いで頂いた。東北芸術工科大学の西澤高男先生には東北のものづくり力を発揮して頂いた。前橋工科大学の堤洋樹先生には高崎での調査をご支援いただいた。そして少林山達磨寺の広瀬みち氏には「緑の椅子」を研究する機会を頂いたことを心より感謝申し上げる。

　最後に、アーヘン工科大学の Manfred Speidel 先生よりタウトの孫の Christine Schily 氏とひ孫で女優の Jenny Schily 氏に今回のプロジェクトを報告したところ喜んで頂いたことを記す。復刻した椅子と本書を謹呈する。

（鈴木敏彦）

ブルーノ・タウトの緑の椅子
1 脚の椅子の復刻、量産化のプロセス

2018 年 6 月 15 日　第 1 版　発行

制作　株式会社 ATELIER OPA
印刷所　シナノ書籍印刷株式会社
発行所　Opa Press
〒 101-0047 東京都千代田区神田練塀町 55-1101
電話 050-5583-6216　press@atelier-opa.com
発売所　丸善出版株式会社
〒 101-0051 東京都千代田区神田神保町 2-17 神田神保町ビル
電話 03-3512-3256

本書の内容の一部あるいは全部を、無断で複写（コピー）、複製、および磁気また
は光記憶媒体等への入力を禁止します。許諾については上記発行所あてにご照会く
ださい。

緑の椅子リプロダクト研究会編
総括：島崎信　代表研究者：鈴木敏彦　共同研究者：浅水雄紀、西澤高男

ISBN 978-4-908390-05-0